U0160794

停不下来的
数学思维游戏

九宫格大搜索

[日] 稻叶直贵 著

杜雪 译

中信出版集团 | 北京

图书在版编目（CIP）数据

停不下来的数学思维游戏.九宫格大搜索 /（日）稻
叶直贵著；杜雪译.--北京：中信出版社，2022.3
ISBN 978-7-5217-3864-3

Ⅰ.①停… Ⅱ.①稻…②杜… Ⅲ.①数学—少儿读
物 Ⅳ.①O1-49

中国版本图书馆 CIP 数据核字 (2021) 第 270772 号

停不下来的数学思维游戏·九宫格大搜索

著　　者：[日]稻叶直贵
译　　者：杜雪
出版发行：中信出版集团股份有限公司
　　　　　（北京市朝阳区惠新东街甲4号富盛大厦2座　邮编　100029）
承　印　者：北京启航东方印刷有限公司

开　　本：787mm×1092mm　1/16　　印　　张：2.25　　字　　数：30千字
版　　次：2022年3月第1版　　　　　印　　次：2022年3月第1次印刷
京权图字：01-2021-7087
书　　号：ISBN 978-7-5217-3864-3
定　　价：118.00元（全6册）

出　　品：中信儿童书店
图书策划：橡果童书　　　　　策划编辑：常青　于淼　　　　责任编辑：李跃娜
营销编辑：张琛　　　　　　　装帧设计：李然　　　　　　　内文排版：李艳芝

游戏说明

请你在所给网格图内画一个边长为3个单位的方框——九宫格，
让九宫格里的水果或蔬菜的数量与圆形中所给数量一样。

例题

每个题目只有一个答案。

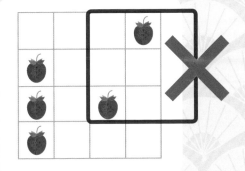

所画方框不要超出网格图。

方框的边长只能是3个单位，
不能多也不能少。

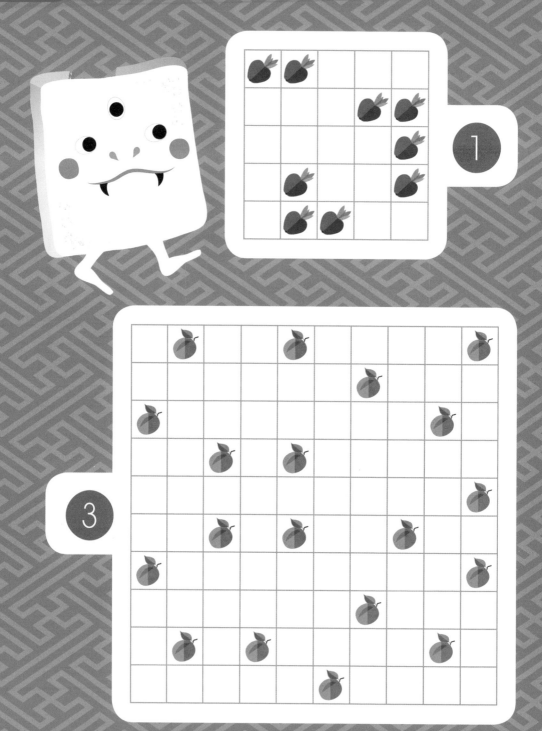

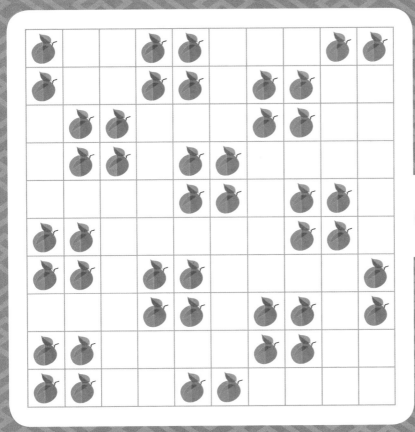

2

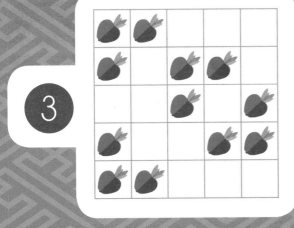

3

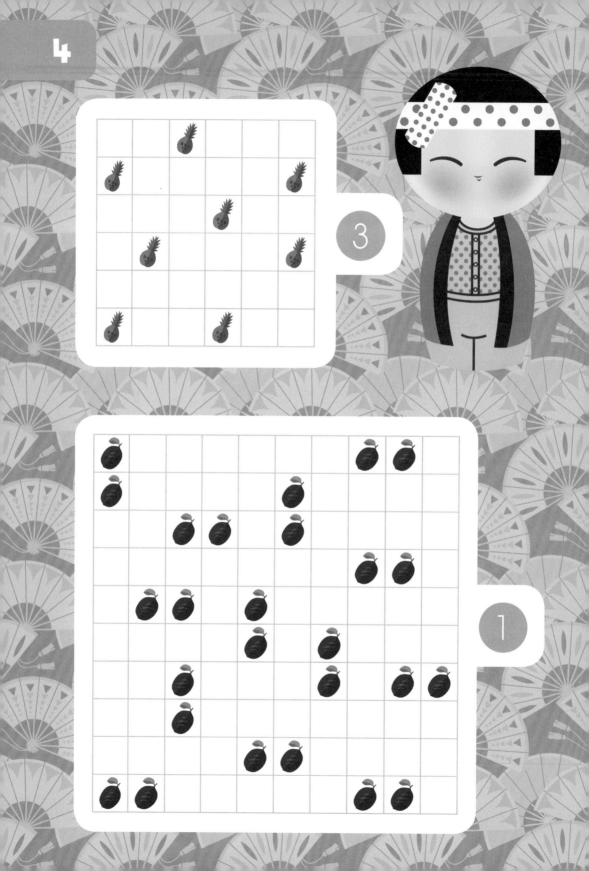

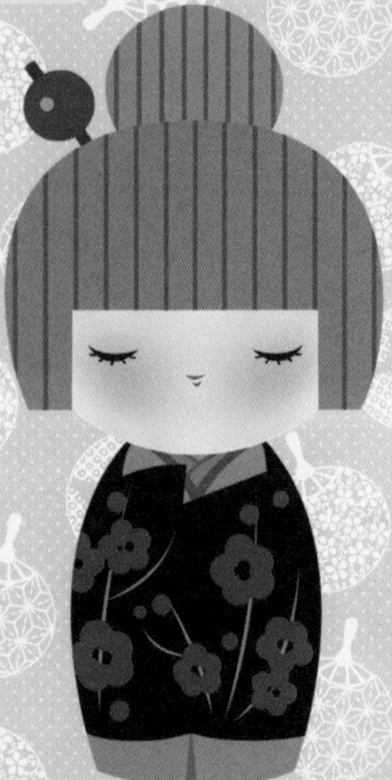

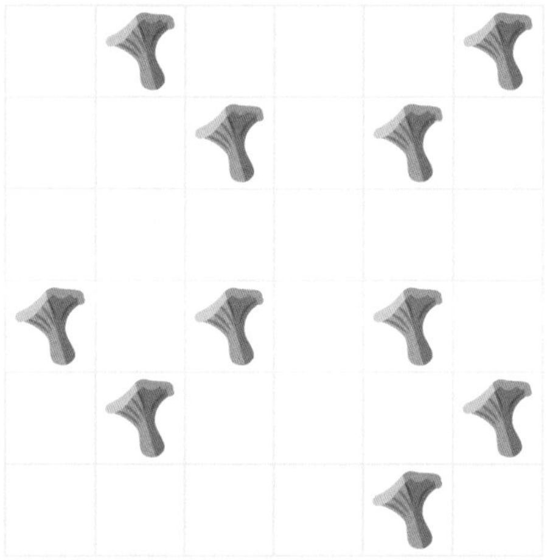

4

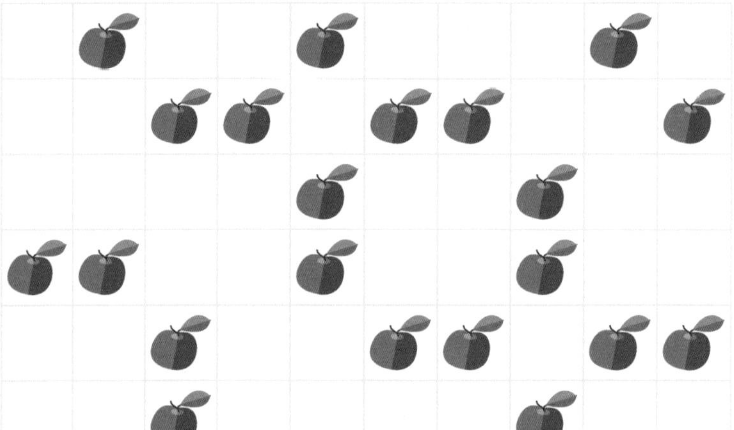

5

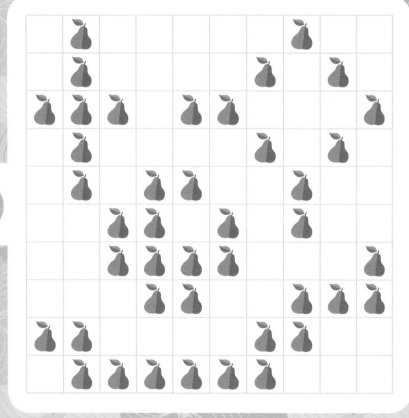

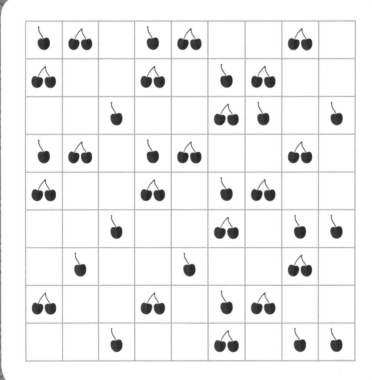

网格图中有些格子中有2个樱桃，按2个来计数。其他类似题目按照同样规则计数。——编者注

5

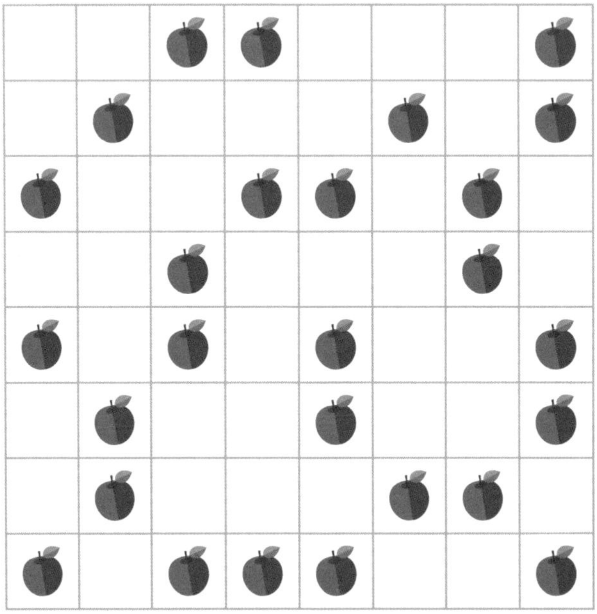

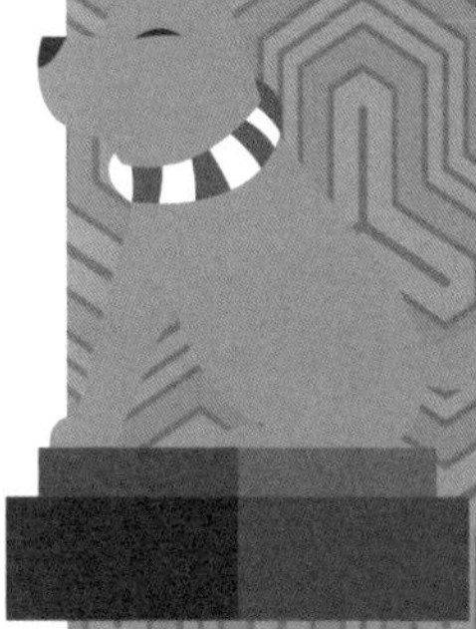

8

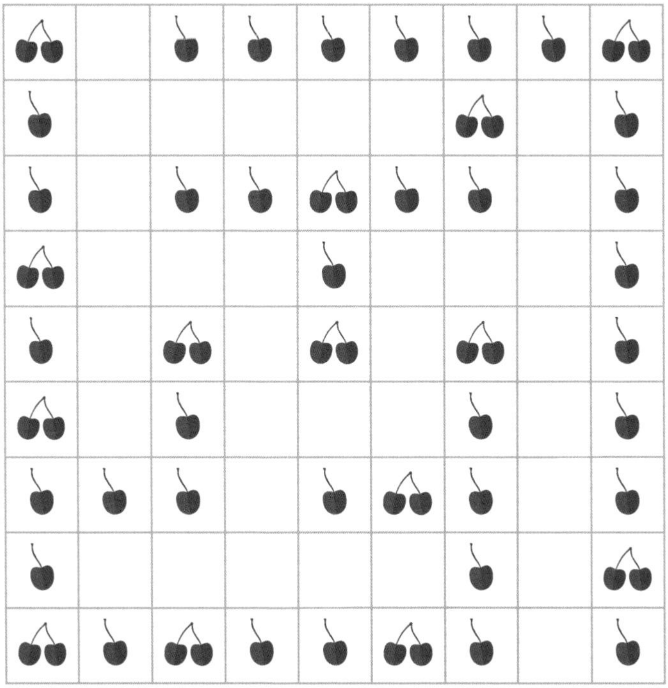

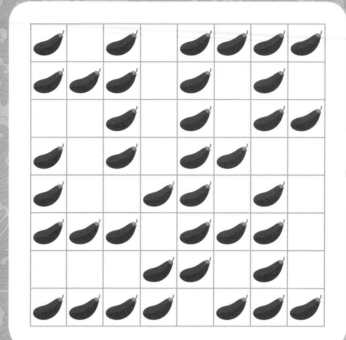

5

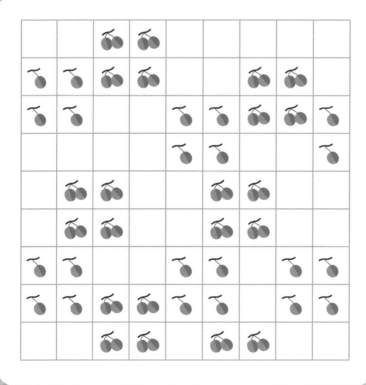

4

6

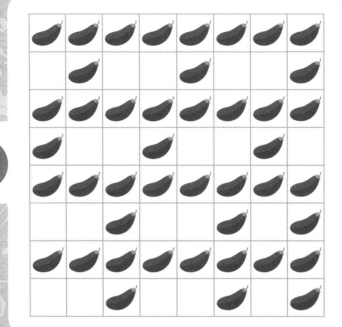

8

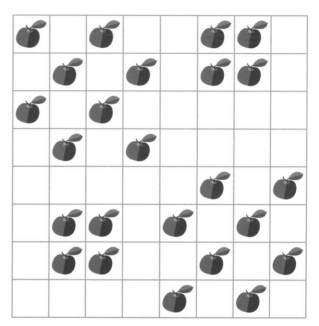

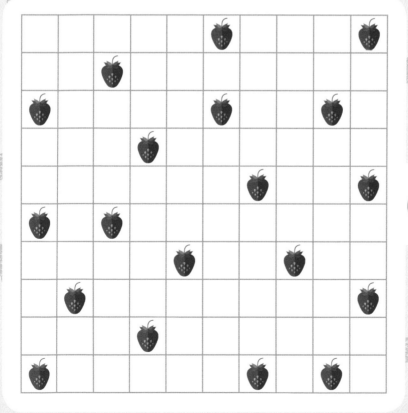

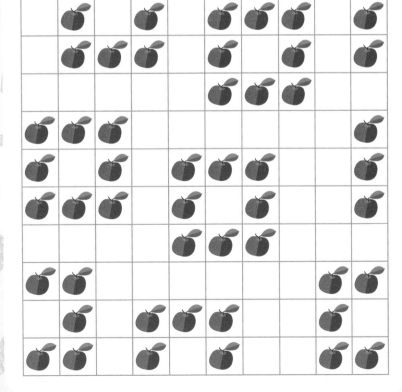

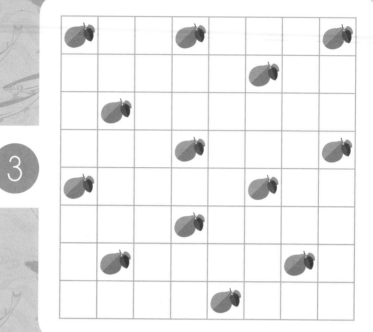

3

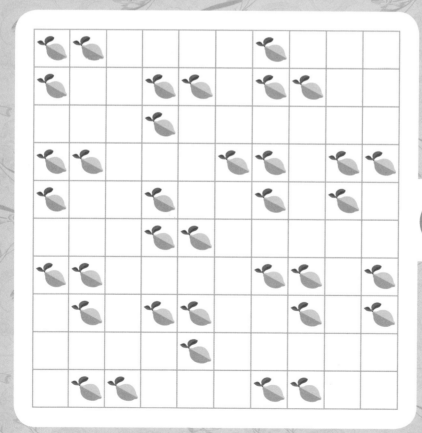

2

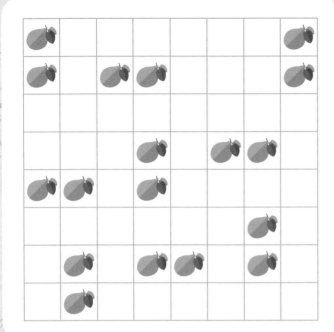

4

4

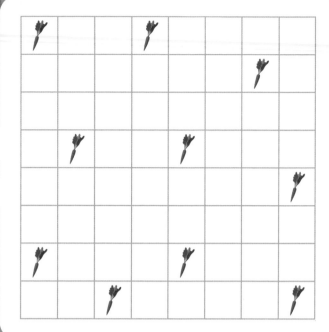

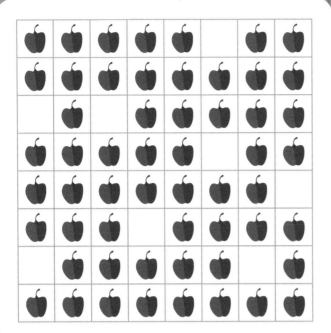

9

3

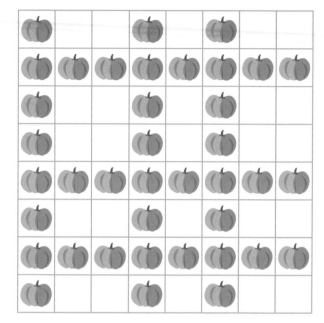

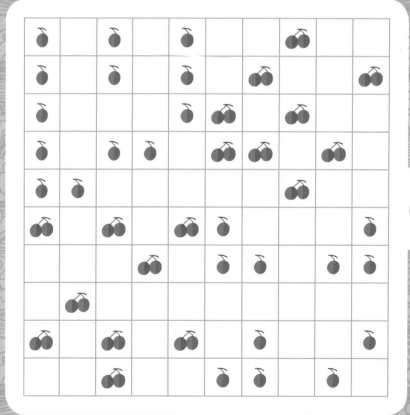

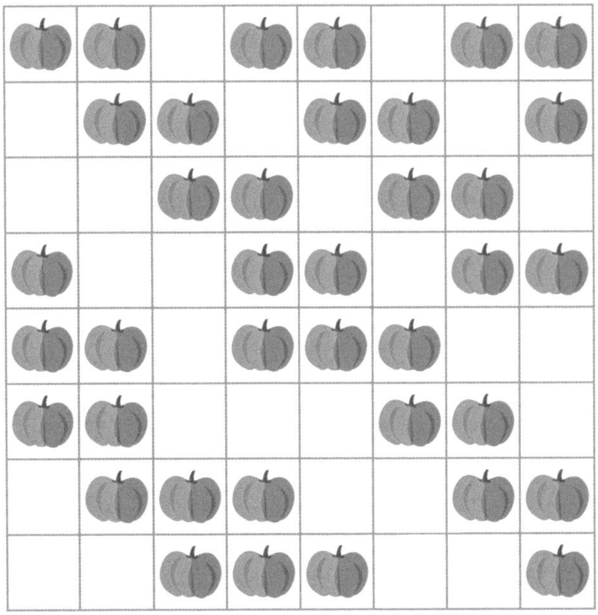

7

3

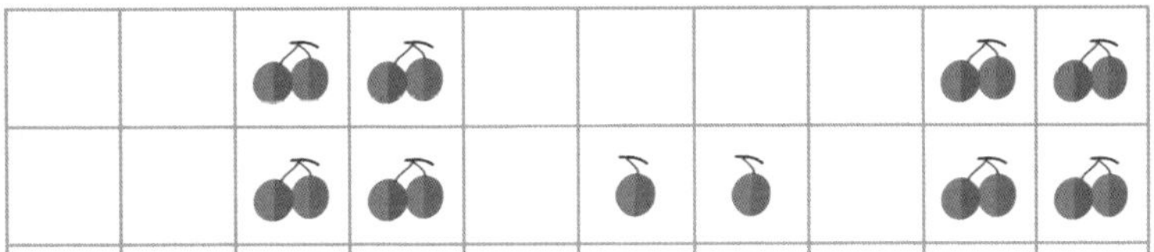

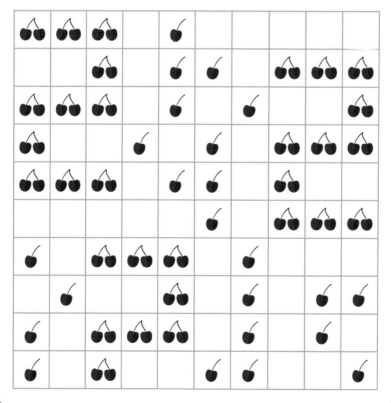

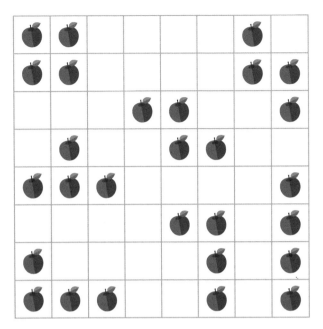

5

10

7

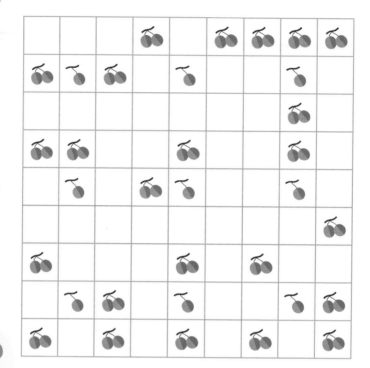

4

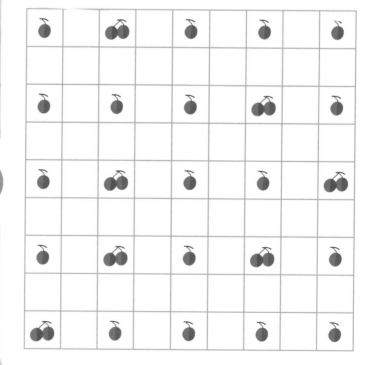

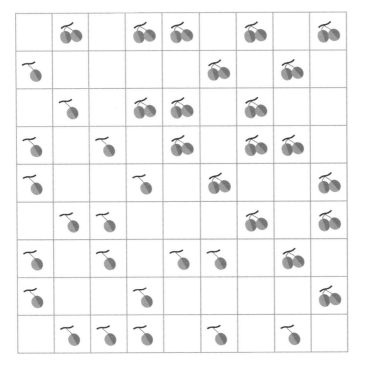

6

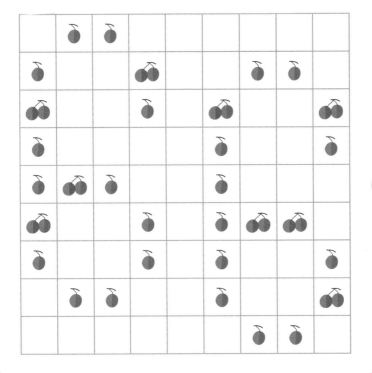

6

答案

第 2 页

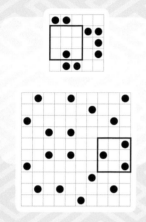

第 3 页

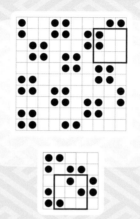

第 4 页

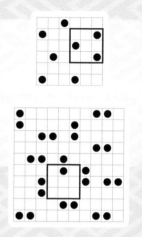

第 5 页

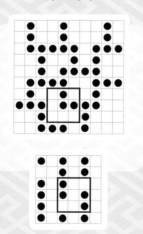

第 6 页

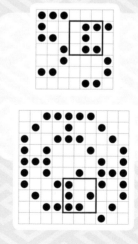

第 7 页

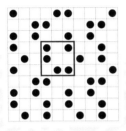

第 8 页

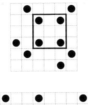

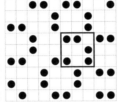

第 9 页

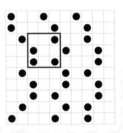

第 10 页

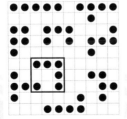

第 11 页

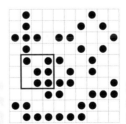

第 12 页

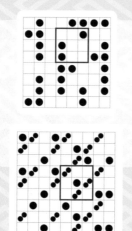

第 13 页

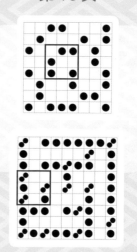

第 14 页

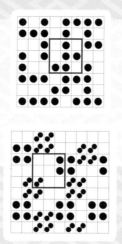

第 15 页

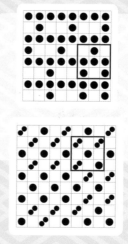

第 16 页

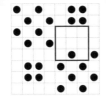

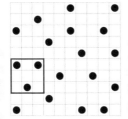

第 17 页

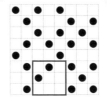

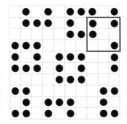

第 18 页

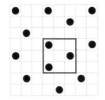

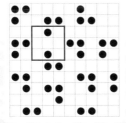

第 19 页

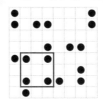

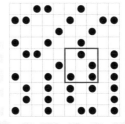

第 20 页

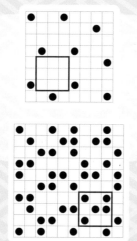

第 21 页

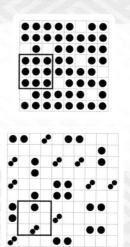

第 22 页

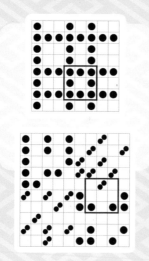

第 23 页

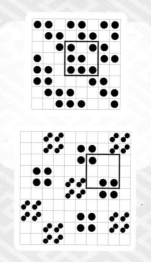

33

第 24 页

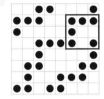

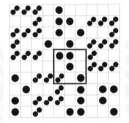

第 25 页

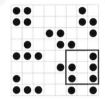

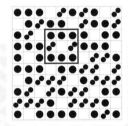

第 26 页

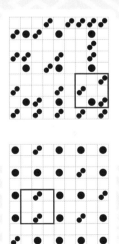

第 27 页

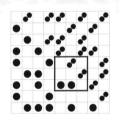

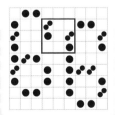